绿色家园——环保从我做起

# 警惕气候变暖

瑾蔚 编著

大连出版社

DALIAN PUBLISHING HOUSE

© 瑾蔚　2018

**图书在版编目（CIP）数据**

警惕气候变暖 / 瑾蔚编著. —大连：大连出版社，
2018.6（2024.5 重印）
（绿色家园：环保从我做起）
ISBN 978-7-5505-1344-0

Ⅰ.①警… Ⅱ.①瑾… Ⅲ.①全球气候变暖—普及读
物 Ⅳ.①P461-49

中国版本图书馆 CIP 数据核字（2018）第 076110 号

绿色家园——环保从我做起
# 警惕气候变暖
## JINGTI QIHOU BIAN NUAN

**责任编辑:** 金东秀　李玉芝
**封面设计:** 李亚兵
**责任校对:** 张　爽
**责任印制:** 徐丽红

**出版发行者:** 大连出版社
　　　**地址:** 大连市西岗区东北路 161 号
　　　**邮编:** 116016
　　　**电话:** 0411－83620573　　　0411－83620245
　　　**传真:** 0411－83610391
　　　**网址:** http://www.dlmpm.com
　　　**邮箱:** dlcbs@dlmpm.com
**印 刷 者:** 永清县晔盛亚胶印有限公司

**幅面尺寸:** 160 mm × 220 mm
**印　　张:** 6
**字　　数:** 90 千字
**出版时间:** 2018 年 6 月第 1 版
**印刷时间:** 2024 年 5 月第 2 次印刷
**书　　号:** ISBN 978-7-5505-1344-0
**定　　价:** 30.00 元

　　地球表面包裹着厚厚的大气，大气的一切变化表现在地球上就是气候。气候给地球上的各个地区带来了不同的温度、不同的降水，以及风、雨、雷、电等不同的天气，创造了不一样的地表外貌，让地球变得更加生动有趣。

　　气候为地球上的所有生物提供了生存的基本条件。正是因为有了适宜的气候条件，地球上的植物才能生长茂盛，包括人类在内的所有动物才得到了每天呼吸的氧气，以及生存必需的粮食。气候的任何变化对生物和地球的影响都是巨大的。近年来，地球平均温度逐年上升，气候变暖已经成为不争的事实。越来越高的气温致使地球上的干旱程度加剧，更多的人因为高温干旱而失去家园甚至生命。同时，台风、沙尘暴、泥石流、洪涝、雪灾等自然灾害频繁发生，大自然已经向我们显示了它巨大的威力。

　　面对这样严峻的现实，我们每一个人都需要赶紧行动起来，为减缓气候变暖贡献自己的一份力量。希望我们能通过共同努力，保护地球家园，保护我们自己。

# 目录

# 地球大气层

地球外面包围着很厚的大气层，这是人类赖以生存的必要条件，它为地球上的生物提供了繁衍发展的环境。大气的运动使地球上海陆之间、南北之间、地面和高空之间的能量和物质不断交换，形成复杂的变化，时刻影响着我们的生活。

## 保温作用

白天太阳辐射使地表升温，晚上没有了太阳辐射，地球表面开始向外辐射热量。但是大气层可以保留住一部分热量，这样地表温度就不会降得太低了。这就是大气层的保温作用。

大气层按照垂直方向上的变化，自下而上依次分为对流层、平流层、中间层、热层和外大气层。

## 地球的保护伞

大气层中的臭氧层可以吸收掉大部分波长较短的紫外线。短波紫外线对地球生物的伤害很大，经过臭氧层的吸收后，只有一些长波紫外线和少量中波紫外线辐射到地球上，减小了对地球生物的伤害。

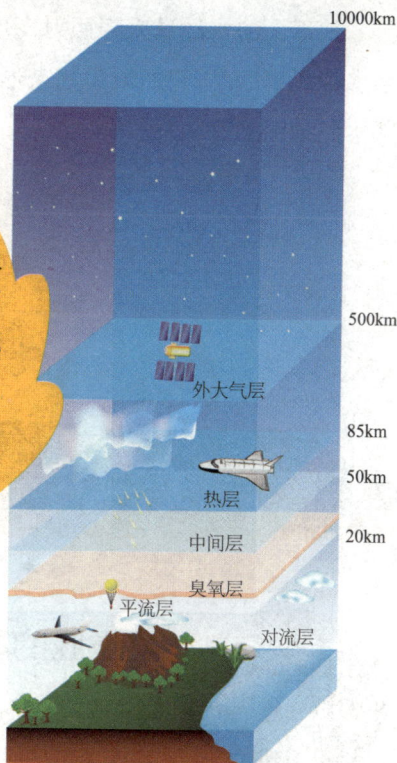

10000km

外大气层

500km

热层

85km
50km

中间层

20km

臭氧层

平流层

对流层

▲ 大气层结构示意图

1

# 天气现象

对流层是地球大气中最底下的一层,同人类的关系最密切。由于这里的空气上下对流比较强烈,因此会形成风、雨、雷、电等天气现象。这些天气现象对生活在地球上的人们有着非常重要的影响。

## 天空中的雨

地球上的水经过太阳照射变成水汽,这些水汽在半空遇到冷空气凝结成小水滴或小冰晶,它们聚集起来形成了云,云层里的小水滴不断壮大,并最终降落到地面上来,就是降雨。

暖空气中的水汽凝结成小水滴,小水滴积聚成云

云块越来越大,内部的冷空气发生循环流动

云块中的小水滴增大到一定程度时,便落到地面形成降雨

暖空气受热上升

▲ 雨的形成示意图

## 朦胧的雾

▲ 林间的雾

如果空气中的水汽比较充足,大气又较为稳定,同时温度下降到一定程度,空气中的水汽便会凝结成许多细微的水滴悬浮在空中,形成雾。

▲ 打雷闪电

## 🌸 闪电和打雷

　　云团里面的水滴等物质在强烈的气流运动中猛烈碰撞,摩擦产生静电,静电中的正电荷和负电荷互相作用形成强烈的放电现象,就是闪电。当强烈的电流通过空气时,巨大的能量会使空气产生震动,发出雷声。闪电和打雷通常是同时发生的。

▲ 美丽的彩虹

气象是指发生在天空中的风、云、雨、雷、电等一切大气的物理现象;天气则是指影响人类活动的某一时间气象特点。

## 🌸 雨后彩虹

　　彩虹一般出现在雨后天气刚放晴的时候。这时空气比较湿润,阳光照射到空气中的水滴,光线被折射和反射,在天空形成一道七彩虹。

# 天气和气候

天气反映了一个地方短时间内的大气状况，而这个地方多年来天气状况的综合表现，就叫作气候。天气与气候有着密不可分的关系，它们都能反映出一段时间内地球的大气状况，给人类的研究提供了大量信息。

## 区别和联系

天气与气候之间既有区别也有联系，总的来看，天气是气候的基础，气候则是对天气的概括。一个地方的气候特征是通过这个地区多年以来的天气状况综合反映出来的。

▼ 地球上的天气变化

我国长江中下游地区每年到了6、7月份，都会迎来一段持续阴雨天气，人们把这种特殊天气称为梅雨天气。

## 影响气候的因素

气候的形成受多方面因素的影响,太阳辐射、大气环流、洋流、海陆分布、地形地势以及人类活动都会影响气候。任何一个因素的变化,都会造成气候的变动。

▶ 洋流也称海流,在风、海水密度等的作用下,洋流以稳定的速度不停流动,从而调节了地球上的气候

## 气候系统

气候系统由大气圈、水圈、冰冻圈、岩石圈和生物圈五个部分组成。这些组成部分决定了气候的形成、分布以及气候变化。

## 重要意义

气候影响着人类生产生活的方方面面,包括人们生存的自然环境、当地经济产业、农业发展等等。

# 气候类型

气候分为很多种类型,每一种类型都反映出当地的自然条件。有的地方常年湿热,有的地方终年干冷,有的地方干旱,有的地方多雨,这是因为各地的纬度位置、海陆位置和地形地势各有不同造成的。

## 热带气候

热带气候的显著特点是全年高温,年降水量大,四季界限不明显。它主要可分为热带雨林气候、热带沙漠气候、热带草原气候和热带季风气候。

▲ 不同的气候形成不同的自然环境

## 🍀 亚热带气候

亚热带气候的特点是冬温夏热，四季分明，降水丰沛，且雨热同期。它主要可分为亚热带季风气候、亚热带季风性湿润气候、地中海气候。

▲ 青藏高原地区日照充足，辐射强烈，气温则随着纬度的升高而逐渐降低

高原气候一般分布在海拔较高、终年低温的高大山地和高原地区。我国著名的青藏高原地区就是高原气候。

## 🍀 温带气候

温带气候冬冷夏热，四季分明，按各地区降水量的不同，可以分为温带海洋性气候、温带大陆性气候、温带季风气候和高原气候几种类型。

## 🍀 寒带气候

寒带气候是高纬度地区各类寒冷气候的总称。它主要包括冰原气候和苔原气候两种类型。

▲ 南极地区是世界上最寒冷的地区

# 气候和生物

气候和生物关系密切。不同的气候类型形成了不同的自然环境，在这些自然环境中诞生了各种各样的生物。一旦气候产生变化，地球上的生物也会相应地受到影响。

## 气候影响生物物种分布

由于气候的原因，生物物种在地球上的分布是非常不平衡的。热带雨林只占世界陆地总面积的 7%，但却拥有世界物种总数的一半以上；而在极地、沙漠和高山上，由于气候条件严酷，物种的数量很少。

在不同的气候条件下，植被表现出不同的特点，比如热带宽叶林和寒带针叶林就是两种对比明显的植物。

▲ 不同地区动物物种的分布总是会受到当地气候的影响

## 🍀气候影响生物生长

气候对生物的生长具有直接影响。很多植物要达到适宜的气温才会开花；有些卵生动物，比如海龟，也要天气足够温暖，卵才能孵化出幼体。

▶ 海龟卵的孵化需要足够的温度，所以海龟总要到岸上来产卵

## 🍀生物的反作用

生物对气候也有一定的影响作用。生物圈在水和二氧化碳以及其他物质循环方面起到一定的控制作用，因此能在一定程度上减少或减缓突发性灾难。

◀ 地球的生态环境是一个有机的整体，其中每个因素的变化都会对其产生影响

## 🍀气候决定降水量

一个地区的降水量是由这里的气候决定的。在降水量多的地方，经常可以看到大片的森林，这是因为充足的雨水可以使更多的植被生长起来。

▶ 雨水是森林植被生长必不可少的要素

# 降　水

空气中的水汽在上升过程中遇冷凝结并降落到地表上的现象就是降水。降水是气候必不可少的构成要素之一，它直接影响当地的气候类型。降水不仅仅指我们常见的降雨，还有许多其他的表现形式。

## 降水的形式

降水主要包括两大部分：一部分是水汽直接在地面或地面的物体上以及低空形成的凝结物，叫作水平降水，比如霜、露和雾；另一部分是由空中降落到地面上的水汽凝结物，叫作垂直降水，比如雨和雪。

降雨按照强度可以分为小雨、中雨、大雨、暴雨、大暴雨、特大暴雨等。特大暴雨通常会引起洪涝等诸多灾害。

▲ 世界各地的降水量分布很不均匀，有些地方降水量很少，导致干旱

▲ 降雨是降水的一种重要形式

## 降水的影响因素

影响降水的主要因素包括海陆位置、地形和大气环流三部分。比如在靠近大海的地方,降水较多,而在内陆地区,降水就相对较少。

## 降水量

降水量是衡量一个地区降水多少的数据,一般指从天空降落到水平地面上的液态和固态水,没有经过蒸发、渗透和流失而积聚的深度。只有垂直降水能计入降水量,水平降水是不计入降水量的。

降雨

蒸发

▲ 水循环示意图

## 水循环的重要环节

降水是地球水循环的重要环节。地球上的水总是会经历蒸发变成水汽,再凝结成水滴降落到地面上的循环过程。如果没有了降水,水循环无法实现,地球上的淡水资源就无法得到更新,地球生态环境的平衡也将遭到破坏。

# 酸　雨

　　雨水在降落到地表的过程中，吸收并溶解了空气中的二氧化硫、氮氧化合物等酸性物质，就会形成酸雨。酸雨对人体健康、生态系统和建筑设施等都有直接或潜在的危害。

## 酸雨从哪里来

　　引起酸雨的酸性物质有很多，包括火山爆发、森林火灾等排放的天然硫氧化物。但最主要的还是人类大量燃烧煤、石油、天然气等化石燃料产生的二氧化硫气体，以及汽车尾气排放的氮氧化合物。

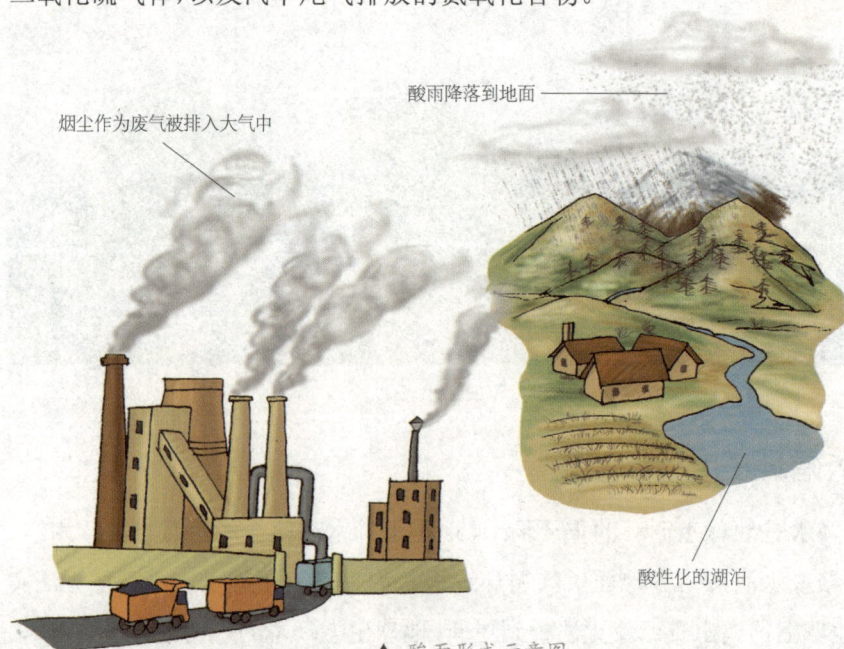

酸雨降落到地面

烟尘作为废气被排入大气中

酸性化的湖泊

▲ 酸雨形成示意图

▲ 酸雨能导致土壤酸化，造成土壤贫瘠，影响植物生长

## 我国的酸雨

我国是个燃煤大国，随着经济建设的发展，耗煤量不断增加，二氧化硫的排放量也不断增长。近年来，我国的酸雨污染日渐严重，影响面积不断扩大。

## 防治措施

控制酸雨的根本措施是减少二氧化硫和氮氧化合物的排放。为了解决酸雨问题，人们采取了许多措施，大力整顿工业气体排放。同时，人们也在积极开发新能源，希望用更加清洁的能源代替现在污染严重的化石能源。

## 酸雨的危害

酸雨污染河流、湖泊和地下水，影响鱼虾生存，危害人体健康。酸雨引起的酸雾会使鸟类受到伤害。通过对植物茎、叶的淋洗或对土壤的伤害，酸雨还能造成森林大片死亡。

▲ 汽车尾气是形成酸雨的一大原因

酸雨中含有大量二氧化硫等酸性物质，会对建筑物、工业设备以及露天的文物古迹造成破坏。

▲ 工业废气必须经过处理后，才能排放出去

13

# 洪　灾

　　洪灾大多发生在降雨量多的时候。当雨水过多时，湖泊不能容纳多余的水，就会引发重大洪灾。洪灾不仅会破坏当地的农业生产，还会造成工业上的损失，甚至威胁到人们的生命财产安全，是非常可怕的自然灾害。

## 引发洪灾的因素

　　人们把日降雨量超过 250 毫米的强降雨称为特大暴雨。特大暴雨会在短时间内使水位猛烈上涨，很容易引发洪灾。另外，地震引发的海啸使大量的海水沿着河流入海口向内陆流去，也会引发洪灾。

　　当洪水已经无法避免的时候，人们会采取泄洪的方法。泄洪是指将洪水排泄到下游地区，以降低损失。

▲ 被洪水淹没的村庄

## 🍀 巨大的危害

洪灾不仅会破坏当地自然环境，打破原有的生态平衡，还会造成一系列的重大经济损失。除此之外，洪灾还容易造成受灾地区水源和食品污染，滋生各类蚊虫，导致传染病暴发，严重影响当地人民的生活。

▲ 洪灾让许多人无家可归

## 🍀 洪灾多发区

洪灾一般发生在河流、湖泊、水坝等水资源丰富的地区。这些地区也是降雨量多的地方，当水位超过了警戒线，引起河流溃坝决堤事故时，就会引发洪灾。

▲ 水库泄洪

## 🍀 整治办法

治理洪灾主要在于修建水利工程和做好水土保持工作。人们一方面在洪灾多发区修建水库、堤坝、截流沟等水利工程，另一方面大面积种植水土保持林，减少水土流失，提高抵御自然灾害的能力。

▲ 洪水涌进城市

# 泥石流

泥石流是一种发生在山区或者地形险峻地区的自然灾害，大多伴随山洪而发生。暴雨、洪水将含有大量泥沙和石块的山体冲击下来，就形成了泥石流。它会给人们的生活带来巨大的危害，有时甚至会造成毁灭性的灾难。

## 泥石流的形成条件

泥石流的形成需要多个条件同时具备。它需要在地形陡峭、松散堆积物丰富的地方，再加上持续性的暴雨，才有可能形成。

## 泥石流的导火索

地形地貌、地质构造、暴雨天气等都是诱发泥石流的自然条件。另外，人类乱砍滥伐、不合理开发等行为造成植被破坏、山体疏松，也是引发泥石流灾害的主要原因。

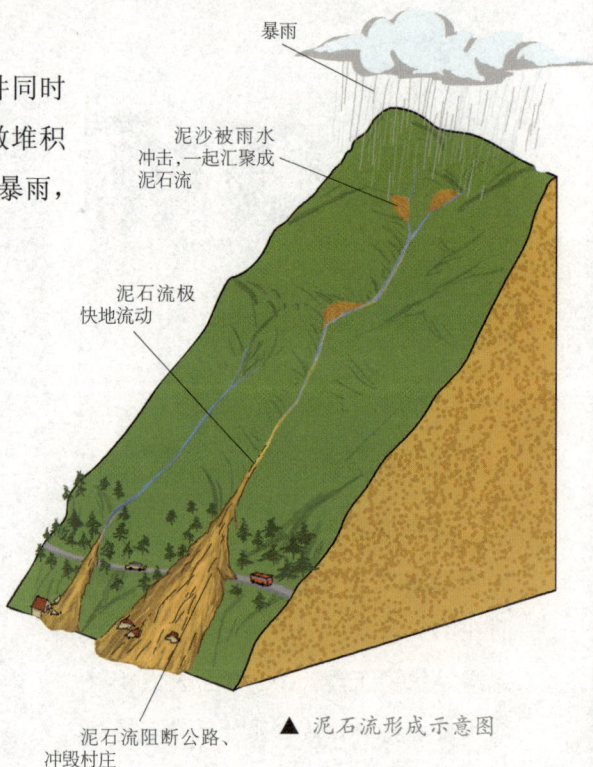

暴雨

泥沙被雨水冲击，一起汇聚成泥石流

泥石流极快地流动

泥石流阻断公路、冲毁村庄

▲ 泥石流形成示意图

## 🌸 泥石流的危害

泥石流来势凶猛，它会冲进城镇、乡村、工厂等地方，造成房屋损毁、土地淹没、交通中断、人畜伤亡等灾害。另外，泥石流有时也会淤塞河道，不但阻断航运，还可能引发洪灾。

▲ 被泥石流冲毁的道路

发现有泥石流迹象时，应当立即观察周围地形，向沟谷两侧山坡或高地跑去，避开泥石流。

▲ 开展泥石流治理工作

## 🌸 防治措施

泥石流防治主要在于保护山地生态环境。人们要积极开展坡面治理，提倡合理耕种，减少水土流失，从根本上解决泥石流问题。

# 雹 灾

　　冰雹是一种固态的降水，有时候它也能成为灾害。雹灾是一种灾害性天气，它虽然出现的范围小、时间短，但是来势凶猛，强度很大，并常常伴随着狂风骤雨，给当地的农牧业、交通运输以及人民的生命财产安全等造成很大损失。

## ❀冰雹怎么来的

　　夏天，大量的水蒸气升到高空中凝聚成云，如果温度急剧下降，就会变成小冰珠。小冰珠越来越大，上升的空气无法托住它时，它便会从高空落下，落到地面形成冰雹。通常在下落过程中，雹块还会不断变大。

当冰块增大到气流托不住的时候，就落到地面上成为冰雹

在温度较高、水汽比较充沛的云的下部，水滴在雹胚表面形成水膜，水膜冻结较慢，就形成了气泡比较少的透明冰层

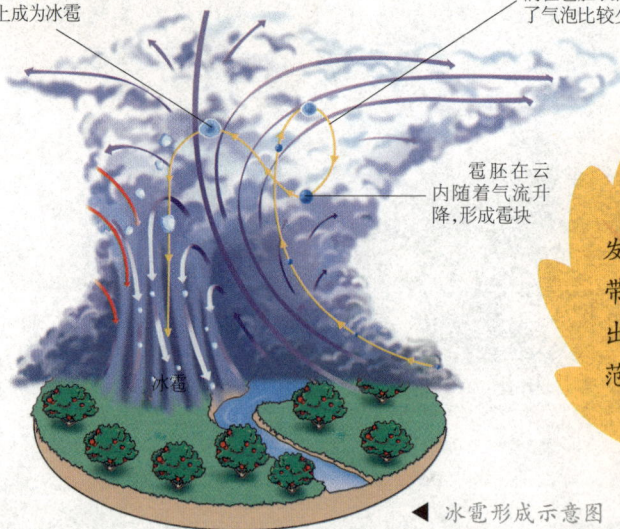

雹胚在云内随着气流升降，形成雹块

冰雹

我国的雹灾多发生在西部山区地带，青藏高原是我国出现雹灾时间最多、范围最大的地区。

◀ 冰雹形成示意图

## 大小不一的冰雹

冰雹的大小不等，有不超过 0.5 厘米的，也有在 0.5 厘米到 2 厘米之间的，还有一些甚至能达到 2 厘米以上。冰雹越大，危害也就越大。

▲ 草地上的冰雹

## 雹灾危害

雹灾对农业危害特别大，它会造成农作物、果树等严重受损，甚至绝收。雹灾带来的强降水还可能导致局部地区出现内涝现象。

▶ 冰雹砸坏的梨

## 人工防雹

人们可以利用火箭、高炮或飞机把碘化银、碘化铅、干冰等催化剂以各种形式送到大气里，使冰雹变小，还可以对雹云投射火箭、炸弹等，破坏雹云的水分输送，减轻雹灾。

# 雪 灾

除了降雨之外，降雪也是降水的一种重要形式。雪花降落到地面上，会给地表上的生物带来水分。但长时间大量降雪，也有可能造成大范围积雪，给人们的生产生活以及社会经济发展带来严重的影响。

## 雪灾的成因

雪灾主要是大气环流异常引起的。大气环流在一定时间内呈稳定状态，当它异常时，空气中的冷暖空气就会形成交汇。如果冷暖空气在一个地方长时间交汇，就会造成持续的降雪，从而引发雪灾。

▲ 积雪堆压在房顶上，有时会把房屋压垮

▲ 大雪铺满道路，给人们的交通出行带来很大的不便

▲ 积雪覆盖下的村庄

## ✿ 积雪的危害

大量的降雪导致积雪过厚，严重影响当地的交通、通信和输电线路等，会对人们的生命安全造成威胁。积雪还可能导致农作物减产、牲畜死亡等其他危害。

## ✿ 可怕的暴风雪

暴风雪的出现往往伴随着强烈的降温和大风天气。大量降雪被强风卷起，很有可能阻断道路，甚至埋没房屋，严重威胁人们的生命安全。

▲ 暴风雪给过往车辆造成了危险

我国为了应对暴风雪带来的危害，会在暴风雪来临前发布预警信号，按强度依次用蓝色、黄色、橙色和红色表示。

## ✿ 应对措施

在面对雪灾的时候，人们应该做好道路清扫和积雪融化工作，并在开车外出时采取防滑措施，避免给自己以及他人带来危险。

# 寒潮来袭

　　每年一到冬天,就会有一股冷空气从北方席卷全国,造成大范围的降温。如果气温在一天之内降低10℃以上,并且降到5℃以下,我们就把那股冷空气称为寒潮。顾名思义,寒潮的意思就是寒冷的空气像潮水一样奔流过来。

## 寒潮的形成

　　寒潮是一种发生在冬季的灾害性天气。极地或寒带地区常年见不到阳光,这些地方的寒冷空气不断聚集,气压越来越大,到一定程度时就会大规模向南入侵,形成寒潮天气。

▲ 寒潮带来的大范围降温天气　　　　　▲ 寒潮引发的霜冻

## 寒潮的影响

　　寒潮会给沿途所经地区带来大范围的降温、大风和雨雪天气,常常会造成河港封冻、交通中断、地面结冰和路面积雪等现象,对交通、电力、航海以及人们的健康造成较大的威胁,严重影响人们的生活。

℃ 寒潮 蓝 COLD WAVE ℃ 寒潮 黄 COLD WAVE ℃ 寒潮 橙 COLD WAVE ℃ 寒潮 红 COLD WAVE

寒潮预警信号共分为4级,按照气温下降程度从小到大依次用蓝色、黄色、橙色和红色来表示。

## 地域特点

寒潮的暴发在不同的地域环境下具有不同的特点：在西北沙漠和黄土高原地区表现为大风少雪；在华北、黄淮地区，寒潮袭来时常常风雪交加；在东北地区表现为更猛烈的暴风雪；在江南地区则常伴随着寒风苦雨。

## 应对措施

应对寒潮最重要的是建立预警机制，提前发布寒潮降温信息，方便人们做好准备措施，根据天气情况及时对农业、交通、航海等危害较大的方面做出妥善安排。

▶ 寒潮来临时要注意手、脸的保暖，否则容易冻伤

▲ 寒潮引起的雪灾

# 极度干旱

干旱是一种降水长期不足带来的自然灾害，它不仅影响范围大，而且后果极其严重。随着经济发展和人口膨胀，水资源短缺现象日趋严重，这也直接导致了干旱地区的扩大与干旱程度的加重。今天，干旱已成为全球关注的问题。

## 形成原因

长时间没有降水或降水偏少是造成干旱的主要原因，但是人类过度开发和使用水资源往往是加重旱灾的主要原因。

▲ 非洲干旱地区缺水现象非常严重

## 干旱的危害

干旱带来的危害是非常直观的，它会造成江河湖泊水量减少，地下水水位降低，还会使湿润肥沃的土地变得龟纹纵横，加快土壤沙漠化的进程。久旱不雨的天气会引发各种火灾，热浪还会夺去人类的生命。

▲ 干旱造成地面开裂

## 🌸 干旱区

我们通常将年降水量低于 200 毫米的地区称为干旱区，将年降水量在 200~500 毫米的地区称为半干旱区。现在全球的干旱和半干旱区要占到陆地表面积的 40%左右，旱情十分严重。

干旱
橙 DROUGHT

干旱
红 DROUGHT

人们用干旱预警信号来表示干旱的级别。预警信号分为橙色和红色两级，橙色表示重旱，红色表示特旱。

## 🌸 抗旱措施

人们通过实时监测各地气象状况，可以在干旱到来前及时发布预警信号，提醒人们做好应对措施。另外，人们在容易发生干旱的地区大量修建水利工程，发展农田灌溉事业，也有助于缓解干旱情况。

▲ 干旱会导致植物无法正常生长，最终死亡

# 流动的风

我们周围的空气总是在不断地运动着,空气的流动就叫作风。空气流动的速度较慢,就形成微风;空气流动速度加快,就形成了强风。风是一种重要的天气现象,如果没有风,地球上就没有云,也就不会有降雨和降雪。

为了测量风的大小,人们把风力分为0~17级,共18个级别,称为风级。风的强度越大,风级就越高。

▶ 不同风级的风。低级的风对我们没有太大影响,但风力超过 6 级,就会对人们的生活造成很大影响

## 什么是风

地球上任何地方都在吸收太阳的热量,但是由于地面受热不均匀,空气的冷暖程度就不一样。暖空气膨胀变轻上升,冷空气冷却变重下降,冷暖空气产生流动,就形成了风。

## 风的力量

    风是大自然的雕刻师。它能一点一点地风蚀较软的岩石，形成千姿百态的风蚀地形。大风把砂砾从地表吹起又放下，使其重新分布，会形成各种各样的地形。

▲ 奇特的风蚀地貌

## 风能

    风也是一种分布广泛、用之不竭的能源，人们可以利用风能来发电。风力发电具有成本低、无污染且取之不尽等特点，所以地球上许多地方都建起了风力发电站。

▶ 风力发电

## 巨大作用

    风在自然界里发挥了极大的作用，它不仅能帮助植物传播花粉和种子，还能使大范围的热量和水汽混合、均衡，调节大气的温度和湿度。

◀ 小麦可以依靠风力来传播花粉

# 台 风

风力超过12级时,就会形成台风。台风是一种破坏力极强的灾害性天气,它一般是发生在热带、亚热带地区海面上的气旋性环流,不但会形成狂风和巨浪,而且往往伴随着暴雨或特大暴雨等强对流天气,会造成严重的灾害。

## 形成原因

台风发源于热带海洋,那里的海面温度高,空气中水汽含量大,空气对流上升过程中不断释放热量,逐渐形成旋转的气柱,最终发展成台风。

## 台风的特征

台风受风向影响很大,发展方向经常发生变化,很难准确预测到它的登陆地点。除此之外,台风还具有许多其他的典型特征,包括一般发生在夏秋季节、破坏力大、常伴随狂风暴雨天气出现等等。

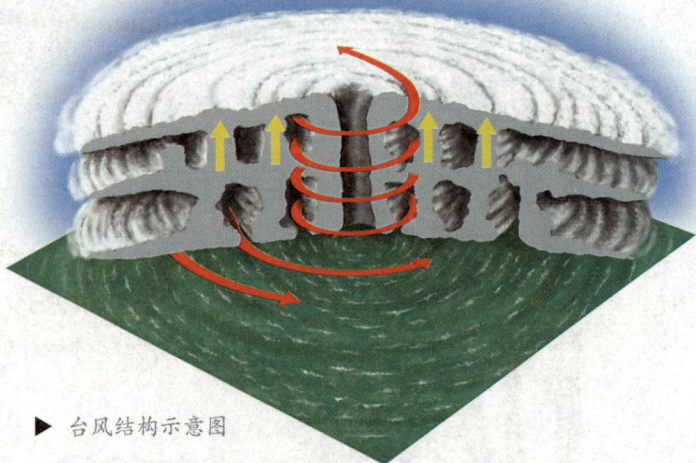

▶ 台风结构示意图

▲ 台风产生的强大风力

## 🌸 可怕的灾难

台风带来的暴雨强度很大，极易引发洪灾、山体滑坡、泥石流等自然灾害，而且台风容易掀起海面巨浪，严重威胁航海安全，并对沿海建筑物、道路、输电设施等造成破坏。

## 🌸 防范措施

台风来临前，各部门应该及时做好疏散、巡查、加固危险建筑物等防范措施。民众要注意台风动向，及时关注台风的最新情况，做好充分的准备，以便在需要转移时可以尽快撤离。

▲ 台风引发的强烈雷电天气

▼ 气象卫星监测到的台风眼

台风中心往往存在着一个直径大约几十千米的晴空少云区，气象学中称其为台风眼，这里台风的能量很小。

29

# 龙卷风

龙卷风是一种可怕的自然灾害，通常发生在夏季的雷雨天气中。它能形成大气中最强烈的涡旋现象，影响范围虽然不大，但是破坏力极强，能像一台真空吸尘器一样，把地面的物体吸起并卷到空中，瞬间摧毁附近的树木和房屋。

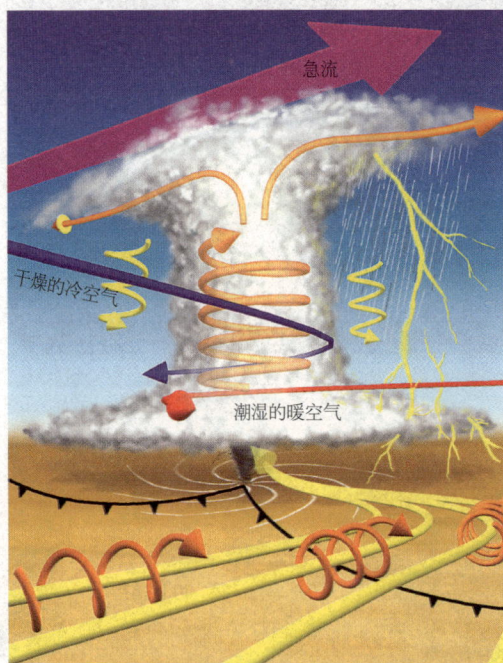

急流

干燥的冷空气

潮湿的暖空气

▲ 龙卷风形成示意图

## 形成原因

大气的不稳定性产生了强烈的上升气流，这股气流在运动过程中被不断加强并开始旋转，形成了旋涡。旋涡不断向地面发展且向上延伸，当它接近地面时，地面气压急剧下降，地面风速急剧上升，便形成了龙卷风。

龙卷风是一种强烈的旋风，常发生在夏季强烈的积雨云下，一般只持续几分钟，最长也不超过数小时。

## 爆炸式危害

龙卷风的危害非常巨大，研究表明，超强龙卷风 1 小时释放的能量相当于 8 颗原子弹爆发的能量，威力十分惊人。

▲ 龙卷风经过后的场景

◀ 水龙卷

## 不同的龙卷风

龙卷风分为很多种类型，其中水龙卷能将水流吸入，形成高高的水柱，非常壮观。另外还有多涡旋龙卷、陆龙卷、火龙卷、阵风锋龙卷风以及尘卷风等不同类型的龙卷风。

## 探测艰难

龙卷风发生和消散的时间很短，而且作用面积小，现有的设备很难对它进行准确的探测。人们只能大致分析出它的速度和移动方向，进而布置防范措施。

# 扬沙天气

我们生活中还有一种经常出现的灾害性天气,称为扬沙天气。扬沙天气是由于风把地面的灰尘和沙土吹起来,造成空气中弥漫着大量悬浮颗粒物的天气现象。当扬沙天气变得严重时,就可能形成沙尘暴,破坏当地的生态环境。

## 扬沙和沙尘暴

扬沙和沙尘暴的形成原因相似,但是两者的严重程度不同。人们一般用能见度的大小来区分它们。扬沙天气的水平能见度在 1~10 千米,而沙尘暴天气的水平能见度小于 1 千米。

▲ 沙尘暴通常发源于沙漠化地区。这里气候干燥,遇到强风时地面的沙尘就容易被卷入空中,形成沙尘暴

▲ 扬沙天气给人们的生活带来了很大不便

## 造成原因

在一些气候干旱、植被稀疏的地区，地表比较干燥松散，抗风蚀能力很弱，当有大风刮过时，就会有大量沙尘被卷入空中，形成扬沙或沙尘暴。

## 严重危害

扬沙天气造成的主要危害在于污染空气，沙尘暴的危害最为突出。沙尘暴出现时，狂风包裹着沙石、尘土四处弥漫，严重破坏当地的生态环境。而空气中的各种有害物质也会对人体健康造成极大的危害。

黄土高原的形成与沙尘暴紧密相关，强大的风带来大量的尘土，随着时间的推移，逐渐形成了今天的黄土高原。

▲ 城市中的沙尘

## 防治措施

减少扬沙天气、治理沙尘暴的关键在于恢复植被，加强防止沙尘暴的生物防护体系。除此之外，加强环境保护，减少人为原因造成的沙尘来源也对减少扬沙天气有一定帮助。

▲ 黑风暴是一种威力巨大的强沙尘暴，它能把地面的沙土卷到几十米的高空，形成高高的沙墙

# 空气污染

空气是维持人类生存的重要因素,人类要生存,每时每刻都必须呼吸新鲜的空气。可是随着现代工业和交通运输的发展,人们向大气中排放的物质越来越多,引起了空气污染。

## 污染来源

空气污染主要是由人类活动造成的,人们在工业生产中随意排放的废气,燃烧煤炭产生的大量灰尘,以及城市中排放的汽车尾气,都是空气污染的来源。除此之外,自然中森林火灾和火山喷发产生的烟雾也能造成空气污染。

▲ 汽车尾气

## 细颗粒物

PM2.5又叫细颗粒物,是指空气中直径小于等于 2.5 微米的颗粒物。它能长时间悬浮在空气中,容易附带有毒有害物质,危害人体健康。空气中PM2.5含量越高,就代表空气污染越严重。

◀ 燃烧会产生大量烟雾,污染空气

▲ 人们把直径小于75微米的固体颗粒物统称为粉尘。粉尘实际上是许多细小颗粒物的集合体

## 可吸入颗粒物

空气中悬浮着许多固体颗粒物，颗粒的直径大小不一。人们把直径在10微米以下的颗粒物统称为可吸入颗粒物，也叫PM10。PM10在空气中悬浮的时间很长，对人体健康和大气能见度的影响都很大。

## 显著影响

空气污染对天气和气候的影响是十分显著的。大量悬浮颗粒物会遮挡阳光，增加下酸雨的概率，进而影响动植物和人类的健康。

空气污染严重时，植物叶片会枯萎脱落；就算是普通的空气污染，也会使植物叶片褪绿，危害植物的生长。

▲ 绿色植物能有效地改善空气污染状况

# 雾　霾

近年来，随着空气质量的不断恶化，雾霾天气逐渐成为城市冬季常见的灾害性天气。雾和霾其实是两种不同的东西，雾是由悬浮在低空中的微小水滴组成的，霾却是由于空气中的悬浮颗粒物组成的，对人体有很大危害。

## 形成原因

大气中的颗粒物浓度增加是雾霾产生的主要因素。空气中本来含有一部分颗粒物等杂质，这些杂质含量很低时不会对人体造成什么危害，但当它们的数量急剧增加后，就有可能产生雾霾。

▲ 工业生产烧煤排放的废气

◀ 空气中的细菌、病毒等有害物质可以直接通过呼吸系统进入人体，危害人体健康

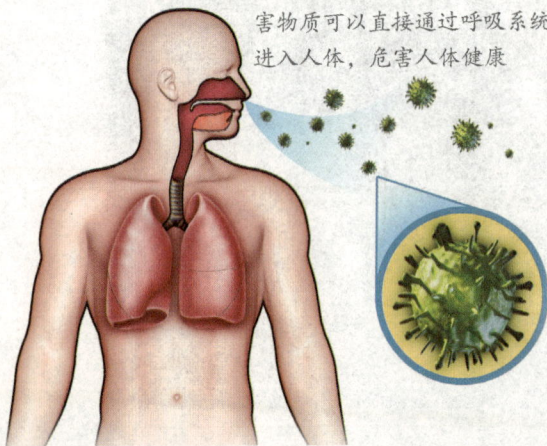

## 危害来源

建筑工地与道路每天会产生大量扬尘，冶金、建材等工业生产排放的废气中也含有许多可吸入颗粒物，机动车辆特别是使用柴油的大型车辆排放的汽车尾气中同样含有大量细颗粒物，这些都是产生雾霾的来源。

## 影响健康

雾霾中包含了几十种对人体有害的物质，这些物质可以直接通过呼吸系统进入人体，引发多种疾病。另外，雾霾还会导致空气中的病毒浓度提高，增加疾病传播的风险。

▲ 雾霾造成城市能见度降低

## 应对雾霾

治理雾霾最主要的方法是减少排放。积极调整当前经济结构，加强工业废气排放管理对缓解雾霾有很大帮助。除此之外，开发太阳能等清洁新能源也是未来减少污染物排放的一种有效办法。

伦敦曾经是著名的"雾都"，当时的伦敦城里雾气弥漫，长久不散，短短几天时间就造成了几千多人死亡。

37

# 室内空气污染

不仅室外有空气污染现象,室内同样存在这种现象,只是造成污染的原因不同。我们活动的住宅、学校、商场等场所的空气中如果存在有害物质,并且浓度超过一定标准,达到能够伤害人体健康的程度,就可以叫作室内空气污染。

## 危害物质

装修材料中的甲醛、吸烟释放的尼古丁,以及空气中的尘螨、可吸入颗粒、微生物等,都是造成室内空气污染的危害物质,它们不同程度地影响人们的健康状况。

室内不清洁,容易滋生真菌和尘螨等过敏性生物,可能引发哮喘或荨麻疹等疾病。

▲ 劣质装修材料中含有甲醛等有害物质,会对人体造成很大影响,所以装修时一定要选择正规厂家生产的装修材料

## 危害来源

人们的各种室内活动是造成室内空气污染的主要原因。比如人们在家里使用煤碳等化石燃料做饭时会产生大量空气污染物,危害人体健康。

▲ 液化石油气燃烧产生二氧化硫等污染物

## 危害表现

长期生活在污染严重的室内,会产生头痛、头晕、恶心、乏力、记忆力衰退等症状,严重者还可能导致身体畸形、基因突变和患癌等可怕后果。

▲ 室内空气污染导致人们头晕、头痛

## 采样测定

人们现在可以对人体接触到的室内空气污染物进行采样测定,从而掌握个体在室内接触到的污染物含量。人们也可以对尿液、毛发、呼出的气体等进行检测,确定个体实际吸入的污染物含量。

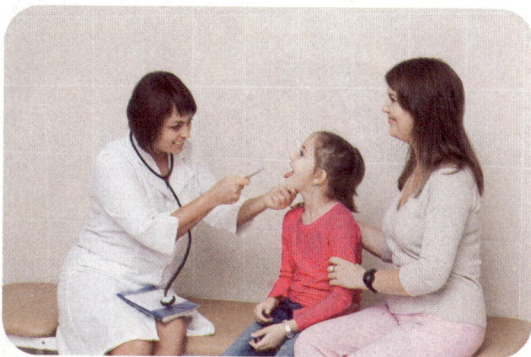

▲ 医生通过采样测定,检查人们受到空气污染的程度

# 空气污染与疾病

空气中的众多污染物对人类的身体健康造成极大影响。优质的空气总是让人感到神清气爽,还能起到消除疲劳、增强抵抗力等作用;相反,劣质的空气会导致头晕、乏力、注意力不集中等症状,严重时还会引发各种人体疾病。

## 呼吸系统疾病

空气中的污染物浓度很高时,容易引发各种呼吸系统疾病,严重时还会导致人们呼吸困难、缺氧甚至死亡。哮喘、气管炎、肺结核等都是很严重的呼吸系统疾病。

我们每时每刻都在呼吸,一个人每天至少要呼吸两万多次。如果空气质量不好,就很容易引发各种疾病。

▼ 医生为哮喘患儿做康复治疗

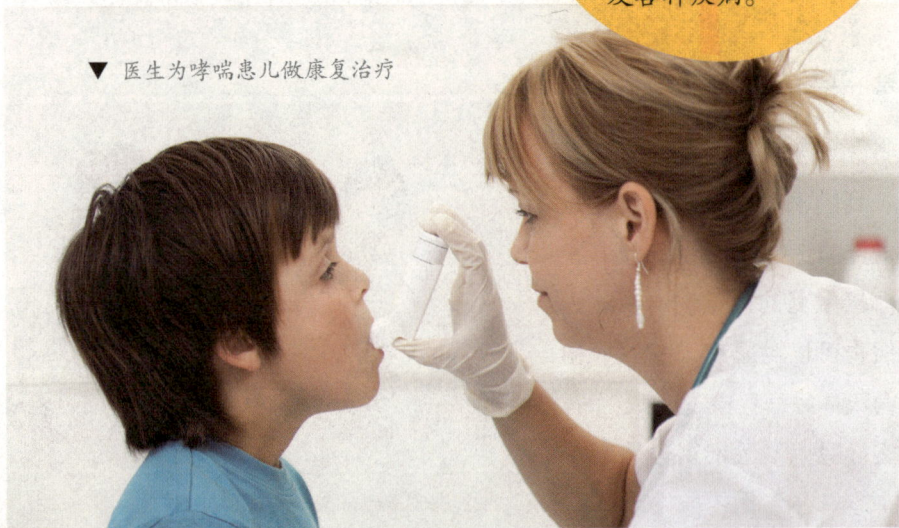

## 💠 心血管系统疾病

人们在户外活动时，过多的空气污染物可能造成胸闷、血压升高、心悸等不良状况，还有可能引发高血压、心脏病等心血管系统疾病，危害人体健康。

▲ 空气中的传染性病毒会附着在人体表面，再通过互相接触传播出去

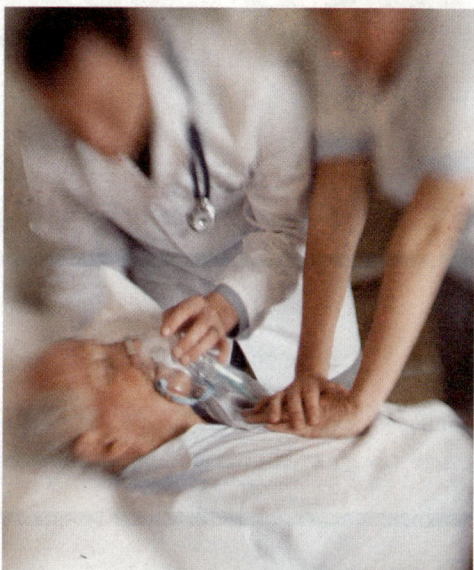

▲ 空气污染引发心脏病

## 💠 传染病

空气中的颗粒污染物上附着着各种病毒、细菌，可能导致传染病的增加，引发社会危机。

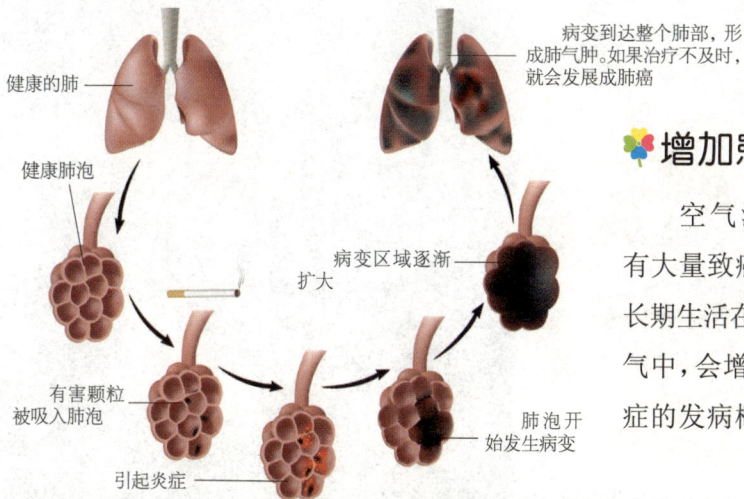

健康的肺

健康肺泡

有害颗粒被吸入肺泡

引起炎症

病变区域逐渐扩大

肺泡开始发生病变

病变到达整个肺部，形成肺气肿。如果治疗不及时，就会发展成肺癌

## 💠 增加患癌风险

空气污染物中含有大量致癌物质，如果长期生活在被污染的空气中，会增加肺癌等癌症的发病概率。

▲ 吸烟释放大量污染物质到空气中，是增加肺癌发病概率的一个重要因素

# 空气质量检测

空气质量的好坏受到许多因素的影响，并不是人们依靠感觉可以感觉出来的。工业革命以来，工业发达国家不断出现大气污染事件，人们对空气质量的重要性有了更深入的认识，于是科学的空气质量检测也应运而生。

## 检测物质

空气质量检测的物质主要是燃烧燃料产生的有毒气体一氧化碳和二氧化硫，汽车尾气排放的氮氧化合物，以及空气中的悬浮颗粒等空气污染物。

人们一生中大部分时间都是在室内度过的，因此室内空气质量的好坏直接影响人们的健康状况。

▶ 空气质量检测仪器正在对局部地区的空气质量进行检测

## 空气污染指数

空气污染指数是评估空气质量好坏的一组数据，它将不容易理解的空气污染物浓度简化成单一的数值形式，便于直观表现空气质量状况和空气污染程度。空气污染指数越高，说明空气污染越严重。

| 空气污染指数（AQI） | 空气质量状况 | 对健康的影响 | 建议采取的措施 |
| --- | --- | --- | --- |
| 0~50 | 优 | 可正常活动 | |
| 51~100 | 良 | | |
| 101~200 | 轻度污染 | 易感人群症状有轻度加剧，健康人群出现刺激症状 | 心脏病和呼吸系统疾病患者应减少体力消耗和户外活动 |
| 201~300 | 中度污染 | 心脏病和肺病患者症状显著加剧，运动耐受力降低，健康人群中普遍出现症状 | 老年人和心脏病、肺病患者应停留在室内，并减少体力活动 |
| >300 | 重污染 | 健康人运动耐受力降低，有明显强烈症状，提前出现某些疾病 | 老年人和病人应当留在室内，避免体力消耗，一般人群应避免户外活动 |

▲ 空气污染指数图表

## 空气质量现状

清洁的空气是指空气中的氮气、氧气、稀有气体三者的含量占到空气总量的99%以上，而其他气体的总和只能占到不到1%。但是随着社会工业的不断发展，大量有害物质被排放到空气中，已经改变了空气各组成部分的正常占比，使得空气质量不断下降。

▶ 空气质量自动监测系统

# 预报天气

为了掌握短期或长期的大气变化状况，人们通过监测各种气象要素、综合气象资料，分析出大气变化的规律，并根据规律对各地区未来一定时期内的天气状况进行预测，就是天气预报。

## 主要内容

天气预报综合了各方面的信息，展示了局部地区近期内的阴晴雨雪、最高最低气温、风向和风力及特殊的灾害性天气等，给我们的生活出行提供了极大的便利。

我国的"风云"系列气象卫星已被70多个国家和地区使用，成为东半球气象预报的主力。

▼ 气象卫星发回的卫星云图

## 不同的时效

因为天气变动比较大，所以人们根据天气状况的时效性，将天气预报分为短期、中期、长期三种。短期为2~3天内的天气预报，中期为4~9天，长期则能达到10~15天。

▲ 现在，人们可以随时在移动设备上查看天气情况

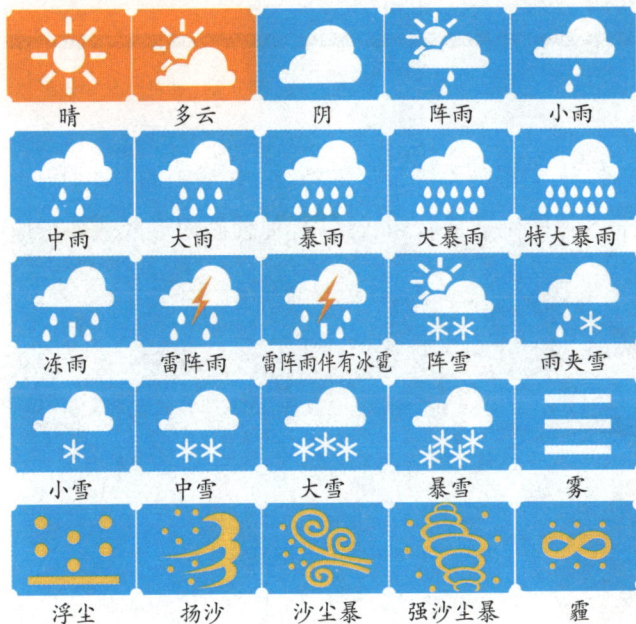

| | | | | |
|---|---|---|---|---|
| 晴 | 多云 | 阴 | 阵雨 | 小雨 |
| 中雨 | 大雨 | 暴雨 | 大暴雨 | 特大暴雨 |
| 冻雨 | 雷阵雨 | 雷阵雨伴有冰雹 | 阵雪 | 雨夹雪 |
| 小雪 | 中雪 | 大雪 | 暴雪 | 雾 |
| 浮尘 | 扬沙 | 沙尘暴 | 强沙尘暴 | 霾 |

▲ 天气预报中常见的气象符号

## 重要作用

天气预报给人们的生活带来很多帮助，无论是外出旅游还是日常出行，它都可以让人们提前做好准备。更重要的是，它能够预报台风、暴雨等自然灾害出现的位置和强度，方便人们做好应对措施。

## 准确度提高

人们很早以前就认识到可以通过观云来预测天气变化。随着气象卫星被发射到太空，人类已经可以根据对卫星云图和天气图的分析，结合有关气象资料、地形和季节特点等对未来的天气进行预报，预报的准确度也大大提高。

# 人工降雨

长时间不下雨，容易引发干旱缺水等灾害，这时候就需要科学技术的帮忙。人们根据自然降雨形成的原理，研究出了人工降雨的操作办法。在极其需要降雨的情况下，人们就可以通过人工降雨，来解除或缓解旱情。

## 操作方法

需要人工降雨的时候，人们根据不同云层的特性，在适当的时机，用飞机、火箭等装载工具把干冰等催化剂播撒到云层中，促使降雨形成或增加原有的降雨量。

中国在很早以前就开始了人工降雨试验。1958年夏季，吉林省遭受大旱，人们就利用人工降雨缓解了旱情。

▶ 人工降雨操作示意图

▲ 干冰是一种催化剂,它是二氧化碳的固体状态

## 催化剂

人工降雨必须借助一些催化剂才可以达到目的。这些催化剂包含了干冰、碘化银和盐粉等,它们可以促使云层中的小水滴冻结成小冰晶,凝结更多空气中的水汽,从而形成降雨。

## 必要条件

人工降雨并不是随时随地都可以进行的,它需要在一些特定条件下才可以实施。首先天空中必须存在一定的自然云,人工降雨才有实施的前提。而且不是所有的云都可以,只有达到了适当条件的云才可能成功降雨。

▲ 人工降雨的原理也适用于人工降雪。一般来说,雪晶比雨滴更容易形成,因此人工降雪比人工降雨的成功率更大

▲ 人工降雨给地表带来水分

## 重要影响

人工降雨已经从初期的试验研究,逐步转为具有严格设计和多种探测手段的现代化科学试验应用技术,成为目前我国和其他不少国家抗旱减灾的措施之一。

# 人工驱雾

雾对我们的影响虽然不像雾霾那么严重，但是也会造成很多不便甚至是危害。特别是雾对雾霾的形成有很大影响，可以说雾是形成雾霾的前提条件。面对这样的情况，人们经过大量科学研究，研究出了人工驱雾的方法。

## 驱散过冷却雾

当雾区温度降到0℃时，雾气中的水汽依然保留水滴的形态，没有凝结成冰晶，这样的雾就叫作过冷却雾。人们一般会在这种雾气中播撒干冰等催化剂，促使雾气中的水滴凝结成冰晶，并不断聚集周围的水滴，最终降落到地表上，达到驱雾目的。

## 驱散暖雾

人们一般把雾区温度高于0℃的雾称为暖雾。驱散暖雾的主要办法是提升雾气温度，使雾气里的水滴因为蒸发或升华而消散，达到驱雾目的。

▲ 大雾使能见度降低，对道路上的车辆造成安全威胁

▲ 水面上的浓雾可能导致轮船在行驶时看不清水面情况，引发事故

## 重要意义

雾天，空气中的污染物与水汽相结合，将变得不容易消散，加重空气污染程度，对人们造成更严重的危害。除此之外，雾天对交通的影响也非常大。它可能造成飞机无法起飞和降落，甚至发生碰撞，引发事故。

## 当前现状

人们驱散过冷却雾的技术方法相对比较成熟，但是驱散暖雾的技术方法还不成熟。虽然人们也想了很多办法来驱散暖雾，但依然没有起到很好的效果，还需要继续努力探索。

国外曾有机场采用设置燃烧炉，直接燃烧燃料的方法来驱散浓雾，可这种方法不仅耗油量大，而且效果也不明显。

# 气候变化

气候并不是固定不变的,在一些因素的影响下,气候也会改变。和天气不同,气候的改变是需要很长时间的。这种变化是缓慢的,通常要用不同时期的温度和降水等气候要素的统计量来进行比对才可以看出来。

## 历史变化

在地球几十亿年的历史中,地球上的气候曾多次发生显著的变化。最近的一次是在大约一万年前,最后一次冰河期结束,地球上的气候才相对稳定下来,成为一个适合人类生存的温暖星球。

联合国政府间气候变化专门委员会指出,如果全球平均温度再升高4℃,将会给全球生态系统带来不可逆转的损害。

▲ 处于冰河期时,地球上大部分地方都被冰雪所覆盖

## 🍀 人类活动的影响

在人类出现之前,气候变化主要是自然的内部进程,它的变化周期长达几万年甚至上百万年。但随着社会文明的发展,人类活动对全球气候的影响也越来越大。

▶ 人类活动已经使大气层中的臭氧层出现了巨大的空洞

▲ 工业化的发展使得垃圾的排放量大大增加,对气候产生了巨大影响

## 🍀 异常变化

一百多年前,人类社会进入了工业化高速发展时期。伴随着经济的不断发展,人们对煤炭、石油等化石燃料的需求也不断增加。燃烧化石燃料、毁林开荒等行为,造成了全球气候的异常变化。

## 🍀 不利影响

现在,全球的平均气温正逐年上升。气候变暖将会给地球带来多方面的不利影响,表现在灾害性天气事件频发、冰川融化加速、水资源分布失衡、生物多样性受到威胁等方面,对社会发展甚至是人类的生存造成严重危害。

▲ 水资源对人类的生存至关重要,水资源分布失衡会直接影响人们的生活

# 城市气候

近年来人类活动带来的影响不断加剧，城市热岛与其他特殊现象的出现，代表着城市已经形成了自己独特的城市气候。虽然它不同于常规分类上的自然气候类型，但它同样影响了某些地区的气候。

## 现代化影响

现代化大都市用的钢铁、水泥、土石、玻璃等材料，吸热性强，散热性差，再加上工业、交通、生活等各方面释放出来的热量和大量污染物进入空气中，就使城市内部形成了一个不同于自然气候的人工气候环境。

▲ 钢筋水泥等材料建造的城市建筑物吸热性很强，使城市里聚集了更多的热量

## 🌸典型特征

随着城市的不断发展,城市气候的特征越来越突出,与周围地区形成明显对比。气温高、降水多、空气流动慢、太阳辐射弱等,是城市气候的典型特征。

## 🌸巨大影响

近年来,城市气候愈演愈烈,产生了城市热岛效应、城市干岛效应、城市雨岛效应等众多恶劣现象,不仅严重影响了城市的环境状况,还在很大程度上降低了人们居住的舒适度。

▼ 日本东京面积狭小,人口密度却非常大,密集的建筑物是形成城市气候的重要因素

受城市气候的影响,日本东京在近50年的时间里,年日照时间数下降了70到80小时,情况不容乐观。

# 城市热岛效应

　　城市热岛效应是在城市气候影响下出现的一种特殊现象。人们可以明显感觉到城市里的气温比郊区高了不少，且大部分时间都处于高温状态，整座城市就像一个闷热的孤岛。这种现象随着城市的扩大会越来越严重。

## 形成因素

　　近年来，随着城市的不断发展，向城市里迁移的人口越来越多。人口增加后，相应地，城市建筑物、交通道路、公共设施等也会大幅度增加，而城市绿化面积则不断减少。另外，人们的各种活动也成倍增加，给城市带来了更多污染。这些都是城市热岛效应的形成因素。

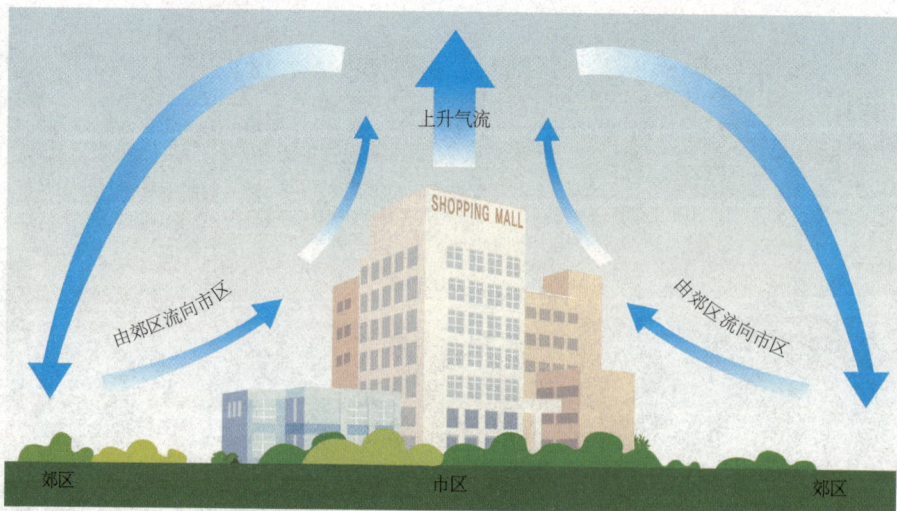

▲ 城市与郊区之间的热量交换示意图

▲ 城市热岛效应导致城市里的温度越来越高

## 🍀 高温孤岛

一座大城市散发的热量可以达到所受到的太阳辐射的2/5，在夜间城区温度也能保持居高不下，而郊区的温度则大部分时候都比城区低。这在夏天表现得尤为明显，人们离开城区到达郊区，就可以明显感觉到凉爽了很多。

## 🍀 危害健康

城市热岛效应改变了城市地区的大气环境，导致大量空气污染物在城市上空聚集，刺激人们的呼吸道和皮肤等，诱发各种疾病，危害人体健康。

城市热岛效应不仅能诱发各种疾病，还有可能造成人们精神上的压力，表现出情绪烦躁、记忆力下降等各种症状。

◀ 城市热岛效应加重空气污染，容易造成人们呼吸不适

▲ 扩大城市绿化面积有助于降低城市热岛强度

## 🍀 城市绿化

城市绿化面积与城市热岛效应有着极大的关系，绿化覆盖率越高，热岛效应便会越小。因此人们在做城市规划时应当尽量保护并适当增加城市绿化面积。

# 城市干岛效应

城市干岛效应通常与城市热岛效应伴随出现。由于城市大部分地面都是钢筋水泥铺就的不透水地面，缺乏天然地面所具有的土壤和植被，既缺乏蓄水能力，也很难获得持续的水分补给，因此形成了空气水分偏少，相对湿度较低的城市干岛效应。

## 城市干岛效应的特点

城市干岛效应使得城市空气中的水分比周围地区少，湿度也相对较低，长时间持续下去会给城市生态环境以及当地居民带来严重危害。

城市干岛效应在一定程度上增加了城市出现雾天的概率。近年来，上海曾有一个月接连拉响了四次大雾警报。

▲ 上海城区稠密的地面建筑阻断了空气中水汽的循环，容易形成城市干岛效应

▲ 城市干岛效应在一定程度上加重了雾霾天气

## 造成大气污染

城市中的湿度降低后，大气稳定度会相应提高，这就使得城市里的大气对流减弱，污染物集中，造成持续的大气污染。比如形成以细颗粒物（PM2.5）为主的雾霾天气。

## 增加城市热量

城市干岛效应致使城市空气中的水分含量降低，相应地蒸发量也会减少，由水分蒸发带走的热量也就相对减少。这在一定程度上加重了城市热岛效应，形成恶性循环，进一步增加城市热量，带来高温危害。

▶ 城市里的钢筋水泥地面很难留住地表上的水分，水分很快就蒸发完了

▲ 人们利用雨水收集系统将屋顶上的雨水收集储存起来，需要的时候再循环利用

## 解决途径

解决城市干岛效应的重点在于增加城市空气中的水分含量。扩大城市绿化建设、完善道路雨水收集系统、增加城市喷水系统等都是有助于缓解城市干岛效应的有效途径。

# 温室气体

大气中含有各种各样的气体，有些气体能够吸收地面反射回来的太阳辐射，使地球表面保持温暖。人们把这些气体通称为温室气体。大气中存在温室气体是正常现象，但当大气中的温室气体过多时，就会导致一系列的危害。

## 温室气体的种类

大气中的二氧化碳是最主要的温室气体。除此之外，天然气的主要成分甲烷、最初的冰箱制冷剂氯氟烃以及臭氧等能够吸收和释放红外辐射的气体也都是温室气体。

▲ 最初冰箱使用的制冷剂中含有大量氯氟烃。这类气体会对臭氧层造成严重破坏，现在人们已经不再使用这类物质来作为冰箱制冷剂

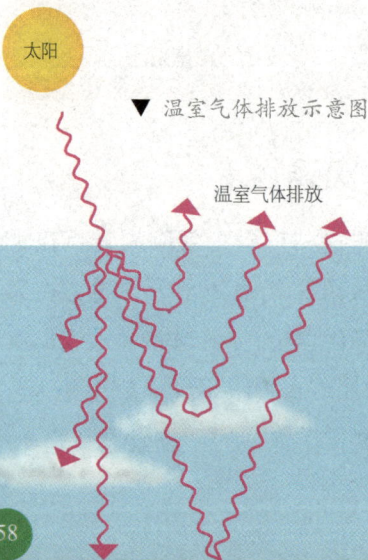

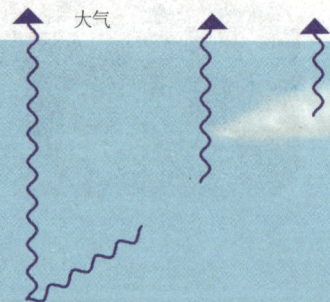

太阳

▼ 温室气体排放示意图

温室气体排放

大气

58

## 人为排放温室气体

工业革命以来，人们大量开采使用煤、石油、天然气等化石燃料，燃烧排放大量二氧化碳等温室气体。人为排放温室气体是增加大气中温室气体含量的一个主要途径。

▶ 温室气体可以为地球保留热量，给各种绿色植物创造了生存条件

## 作用与危害

温室气体特有的吸热功能，对地球产生了保温作用。而适宜的温度又为创造生物生存的自然环境提供了有利条件。可是大气中的温室气体含量一旦超过正常标准，地球上的热量就会越来越多，温度也会越来越高，从而引发许多危害。

▲ 空调本身并不会产生温室气体，但使用空调时消耗电力会增加碳排放，导致温室气体增加

许多清洗溶剂中都含有能释放温室气体的物质，我们在使用时应尽量配合其他清洗程序或工具，减少使用量。

## 减排措施

夏季空调使用率高的时候，各国为了减少温室气体排放都做出了相应努力，特别是针对二氧化碳以及形成温室效应作用较大的几类气体管制非常严格，并在逐步完善减排措施，试图最大限度减少人为排放。

# 温室效应

近百年来，不断升高的温度提醒我们，地球正在以这种方式控诉人类的种种恶行。自工业革命以来，人类向大气中排放的二氧化碳等吸热性强的温室气体逐年增加，大气的温室效应也随之增强，造成的一系列问题已经引起了全世界的关注。

## 能量来源

太阳辐射是温室效应的主要能量来源。太阳辐射穿透地球大气层到达地球表面，使地表受热温度升高，放射出大量的红外线，这些红外线大部分被大气中的温室气体所吸收，导致地球热量无法散失，就会形成温室效应。

▶ 太阳辐射示意图

温室效应可能导致藏身在古老冰层里的原始病毒再度出现，给人类的生命安全带来严重威胁。

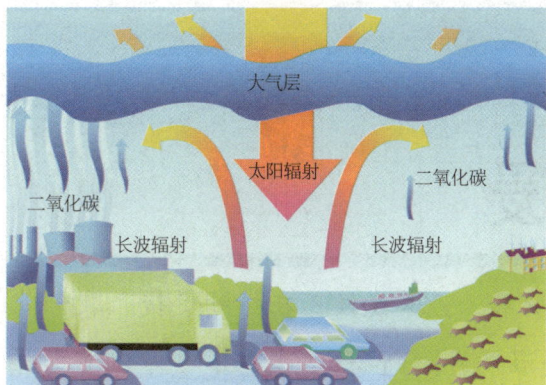

▲ 温室效应示意图

## 形成元凶

温室效应主要是由于现代工业社会过多燃烧煤、石油等能源，向空气中排放大量二氧化碳等气体造成的。而城市的发展和人类活动余热的大量排放，在一定程度上加剧了温室效应的形成。

## 危及人类

温室效应造成全球气温逐渐升高，极热天气出现的概率也跟着增加，这会加速流行性疾病的传播和扩散，从而直接威胁人类健康。

▲ 流行病会给人们的生活带来很大影响

## 未来趋势

如果温室效应不断加剧，未来全球气温将会呈现出不断升高的趋势，这样的状况很有可能会影响全球生态平衡，打乱地球原有的生态系统。

▶ 生态系统是一个十分复杂的系统，任意一个微小的变动都可能会打破生态系统的平衡

# 全球变暖

随着温室效应的不断积累，全球气候正在持续变暖。我们能感觉到夏天越来越热，最高温度再创新高，冬季也不再像以前那样寒冷和难以忍受。这一切无不昭示着一个非常可怕的事实——我们的地球越来越热了。

## 变暖原因

全球变暖的原因与造成温室效应的原因在很多方面重合，特别是人为因素占据了主要部分。随着人口爆炸式增长，人类活动造成的各种危害都在加剧，严重威胁到了自然生态环境间的平衡。

▲ 伴随着人口的增长，人们的各种活动也急剧增加，在此过程中就会产生更多的温室气体

▲ 近几十年来，全球温度正不断升高

## 升温危害

气温升高在很大程度上影响了气候，可能引发许多更严重的自然灾害。更可怕的是，它很有可能使得自然界食物链逐渐断裂，到时候，所有生物包括人类都将面临巨大的威胁。

## 人类的努力

为了减缓全球变暖趋势，全世界的科学家都在竭尽全力地付出努力，提出了各种计划方案。虽然还没有解决这个问题，但是人类已经在为此团结起来全力以赴。

◀ 南极冰架对全球气候有着重要的影响

全球变暖导致南极部分冰架坍塌，科学家在那里发现了部分未知的新物种，这是全球变暖带来的巨大影响之一。

## 《巴黎协定》

2015 年 12 月 12 日，应对气候变化的《巴黎协定》在巴黎气候变化大会上通过，并于次年正式签署。它要求加入缔约的各方国家都要加强对气候变化威胁的全球应对。

▲ 2016 年 4 月 22 日，美国国务卿克里抱着孙女签署《巴黎协定》

# 冰川融化

全球变暖后，造成的第一个严重危害就是冰川融化。冰川是水的一种存在形式，一般分布在极地或高山地区。全球大部分的淡水资源都被储存在冰川中。一旦冰川大面积融化，将会对人类以及其他物种的生存造成严重威胁。

## 不断上升的雪线

雪线是积雪带最下面的界限，受气温与降水的影响非常显著。近年来，逐渐升高的气温使得高山冰川的雪线出现了明显上移。

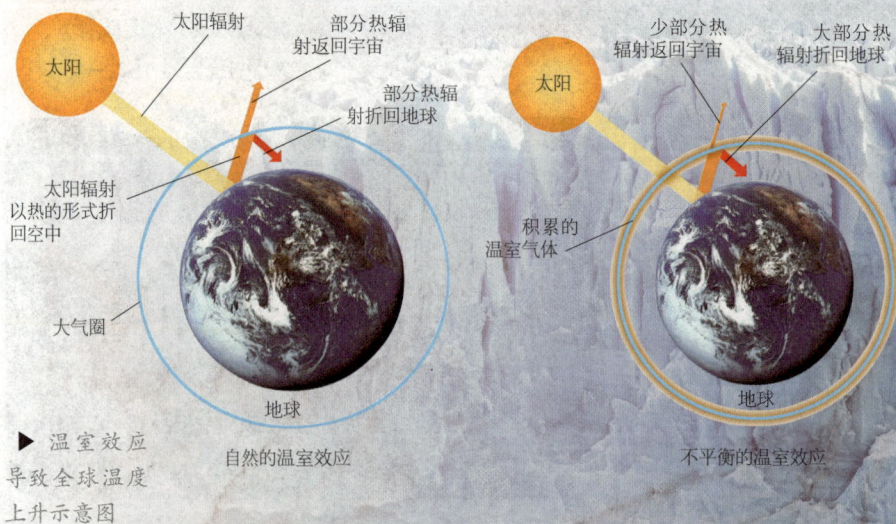

太阳辐射　部分热辐射返回宇宙
太阳　　　部分热辐射折回地球
太阳辐射以热的形式折回空中
大气圈
地球
自然的温室效应

少部分热辐射返回宇宙　大部分热辐射折回地球
太阳
积累的温室气体
地球
不平衡的温室效应

▶ 温室效应导致全球温度上升示意图

## 灾难性后果

冰川是地球上最大的淡水水库,世界上有数十亿的人口依靠冰川融水生活、生产,气候变暖,冰川过度融化,会引起严重的淡水资源缺乏,给人们带来水源危机。

▲ 冰川融化会带来一系列严重后果

## 潜在威胁

那些常年冰封的冰层中隐藏了许多有害物质。冰川的融化会使这些有害物质泄漏出来,对冰川周围的湖泊河流产生巨大影响。

## 保护冰川

保护冰川需要最大程度上减缓全球气候变暖,控制人口数量、减少温室气体排放、合理开垦土地、保护森林和地下水资源等等都是有效的措施。

宇航员从太空站发回报告,称地球上不仅大片的绿色被越来越多的黄色所取代,两极的白色也明显向后退。

# 海平面上升

冰川消融后大量的淡水资源进入江河湖泊，刚开始时后果可能并不显著，人们也并没重视。但研究表明，20世纪以来地球海平面正在缓慢上升，这使得许多珊瑚礁和岛屿已经彻底被淹没，而那里的生物又该何去何从？

## 上升的原因

全球变暖导致的冰川融化是造成海平面上升的主要原因，另一方面，全球变暖使得海水受热膨胀，也会导致海平面上升。

## 上升速度

19世纪以来，海平面以平均每一百年0.10~0.15米的速度上升。2015年，美国宇航局发布最新预测称，在全球变暖的趋势下，未来一二百年内，海平面可能上升1米左右。

▲ 海平面上升7厘米的后果    ▲ 海平面上升13厘米的后果    ▲ 海平面上升84厘米的后果

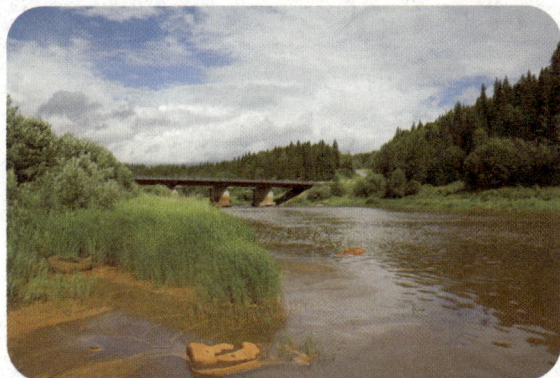

▲ 水污染会直接影响附近居民的身体健康

## 加剧自然灾害

海平面上升使得沿海地区灾害性的风暴潮发生更为频繁，洪涝灾害加剧，沿海低地和海岸受到侵蚀，水源受到污染，给当地居民带来生存危害。

## 即将消失的岛屿

海平面上升导致许多岛屿面积正在不断缩小。著名的旅游胜地马尔代夫群岛很多地方海拔太低，如果海平面持续上升，它有可能会被海水淹没。

据估算，如果海平面上升1米左右，我国将有十几万平方千米土地被淹没，几千万人口需要转移。

▲ 美丽的马尔代夫岛正面临着被淹没的威胁

# 厄尔尼诺现象

温室效应除了带来诸多的气候危机外，还会引发一些反常的自然现象。近几年来，世界各国都在关注一个叫作"厄尔尼诺"的气象名词。它每隔几年就会出现一次，并且每次出现时都会造成大量鱼类死亡，给渔民们带来灭顶之灾。

## 厄尔尼诺事件

厄尔尼诺是一种海洋中的异常天气现象。在正常情况下，南太平洋东部的秘鲁寒流应该在东南信风的作用下向西太平洋输送，使那里的海水温度升高，东太平洋则海面温度降低。可是每隔数年，这种模式就会被打乱一次，东太平洋海面温度不再降低，秘鲁寒流水温反常升高。这就是厄尔尼诺现象。

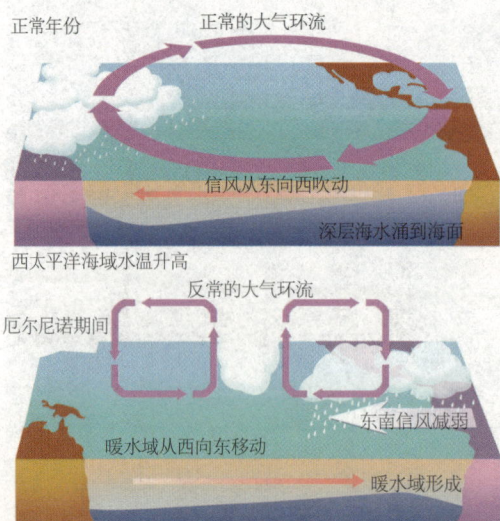

正常年份　正常的大气环流
信风从东向西吹动
深层海水涌到海面
西太平洋海域水温升高

厄尔尼诺期间　反常的大气环流
暖水域从西向东移动
东南信风减弱
暖水域形成

## 形成原因

造成厄尔尼诺现象的主要原因是东南信风减弱。当南半球赤道附近的东南信风减弱后，东太平洋地区的冷水上翻就会减少或停止，从而形成大范围海水温度异常变暖，带来灾害。

◀ 厄尔尼诺现象示意图

▲ 有时候，厄尔尼诺现象会引发多流域的特大洪水

厄尔尼诺现象是大自然气象循环的一部分，它的出现具有一定的周期性，每2～7年循环发生一次。

## 🌸 灾难来临的前兆

厄尔尼诺到来前，往往会出现许多反常现象，包括风向、海温、气压等的异常变化。比如，原来的干旱气候转变为多雨气候，甚至造成洪水泛滥。

## 🌸 巨大影响

厄尔尼诺现象可能会让整个世界的气候模式受到影响，造成一些地区因过度干旱而引发旱灾，而另一些地区却因降雨过多导致洪涝灾害，使人们的生命财产遭受重大损失。

▲ 厄尔尼诺现象引发的干旱会造成大量植物枯死

# 拉尼娜现象

厄尔尼诺现象后通常会出现拉尼娜现象，它与厄尔尼诺现象恰好相反，会造成太平洋中东部海水异常变冷。"拉尼娜"在西班牙语里是小女孩的意思，它的破坏力以及影响力都不如厄尔尼诺现象那么强大。

## 造成原因

拉尼娜现象主要是由于信风变化造成的。当信风加强时，赤道东太平洋深层海水上翻剧烈，导致海水表面温度异常偏低，进一步推动信风加强，这样不断循环，就形成了拉尼娜现象。

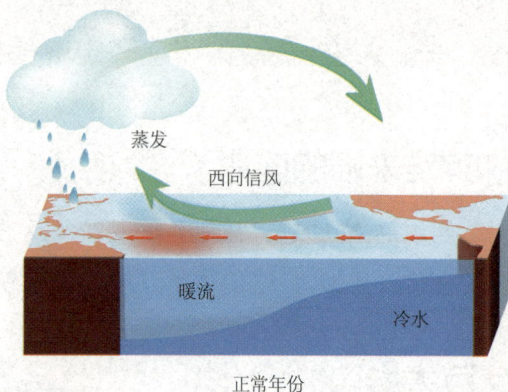

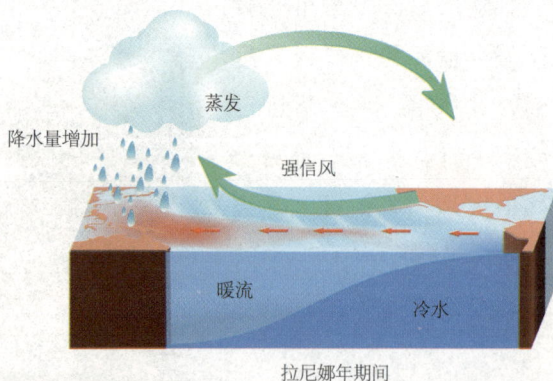

蒸发

西向信风

暖流

冷水

正常年份

▶ 拉尼娜现象示意图。在拉尼娜年期间，温暖的海水向西移动，印度尼西亚和西太平洋地区降雨量增加，太平洋东部和中部则会减少

蒸发

降水量增加

强信风

暖流

冷水

拉尼娜年期间

## 气候影响

虽然拉尼娜现象与厄尔尼诺现象正好相反,但是它同样会造成气候异常,引发自然灾害,给当地居民带来危害。拉尼娜出现时,会造成太平洋西部地区台风异常增加,降雨偏多;而太平洋东部地区则可能出现异常干旱。

▶ 拉尼娜现象在世界各地的不同影响

## 对我国的影响

拉尼娜形成后,对我国气候也会产生深刻的影响。台风会在我国沿海地区频繁登陆,东北地区的夏季气温会明显偏高,华北地区雨量会偏多,汛期会加长。

拉尼娜现象与厄尔尼诺现象已经成为预报全球气候异常的明显信号,我们应该引起重视。

71

# 温室效应的其他危害

温室效应笼罩着整个地球，它带来的危害是多方面的。除了引起大范围关注的全球变暖、冰川融化以及海平面上升等，温室效应还有许多其他方面的危害。不管是哪个方面，这些危害都对人类的生存与发展造成了巨大影响。

## 农业与经济

温室效应可能会影响大气环流，继而改变全球雨量分布，对各地农业生产造成一定影响。而农作物的减产又会在一定程度上影响经济发展。

▲ 农作物的生长直接受到气候的影响

## 氧气缺乏

温室气体逐渐增多，温室效应不断加重，最终可能导致地球回到原始状态，氧气再次变得稀薄，到时候可能人类就无法生存了。

◄ 温室效应假想图

▲ 温度和湿度高的地方最容易滋生蚊蝇

## 疟疾肆虐

温室效应致使海平面升高，一些地方被积水覆盖，再加上高温天气，极可能招致蚊子、苍蝇大量繁殖，疟疾肆虐，给人类带来危害。

## 新的冰川期来临

温室效应还有一个严重的后果，就是可能导致新的冰川期来临。冰川期来临时，全球温度会大幅度降低，大陆冰川不断扩大，到时候大部分动植物物种都可能灭绝，人类也可能面临灭顶之灾。

研究发现，小老鼠和小蝙蝠的性别、出生时间与环境温度有着密切关系，因此温室效应也可能影响动物的繁殖。

▲ 现在地球上的冰川大都集中在地球的两极附近

# 世界气候现状

在地球几十亿年的演化进程中，气候进行了多次明显的冷暖交替变化。现在地球正处于一个温暖时期，并且有越来越温暖的趋势，给自然环境和人类生活带来多方面的影响。

## 气温不断升高

19世纪以来，全球陆地和海洋表面的平均温度呈上升趋势。根据政府间气候变化小组的评估，在过去一个世纪里，全球表面平均温度已经上升了 0.3~0.6℃。

## 极端天气增多

全球气候发生变化后，各种极端天气出现的频率也逐渐增加。在亚洲和非洲的一些地区，近几十年来干旱与洪涝灾害频繁发生，强度也较之前更大。

◀ 干旱与洪灾都会严重影响人们的生活

## 🍀 自然环境遭破坏

近年来,各种灾害频繁发生,对森林、草原等自然环境造成了严重的影响。自然环境的破坏在很大程度上也影响着全球的气候变化。

▲ 森林环境被破坏会直接影响当地的气候

▲ 草原地区会形成独有的草原气候

## 🍀 空气污染加重

全球大气环流形势的变化影响了大气的扩散条件。大气运动较弱时,大气污染也不容易扩散和稀释,污染物容易长期停留在某一地区,往往形成严重的空气污染事件。

▼ 工厂排放的废气烟尘是造成大气污染的主要原因

近百年来,全球温度表现出明显的年代变化。研究表明,最近这10年可能是最近1000年里最温暖的10年。

# 中国气候现状

我国疆域辽阔,地形多样,再加上地势高低不同,形成了复杂多样的气候类型。近年来,受人类活动和自然因素的综合影响,我国大部分地区年平均气温呈上升趋势,降水分布也随之受到影响,并且未来我国气候将继续明显变暖。

## 温室气体排放

目前,我国已经成为仅次于美国的全球第二大温室气体排放者。1994年,我国的二氧化碳排放总量达到了 40 多亿吨,而 2004 年则达到了 60 多亿吨,年均增长率在 5% 左右。

大气污染是我国环境污染最为严重的问题,我国大部分城市的大气环境质量都超过了规定标准,污染严重。

▲ 工业废气的排放是造成温室效应的主要元凶

▲ 酸雨会加速土壤中矿物元素的流失,造成土壤贫瘠

## 酸雨加重

随着经济建设的发展,我国耗煤量不断增加,二氧化硫等酸性物质的排放也逐年增长,导致酸雨越来越严重。研究表明,近几十年来我国酸雨面积扩大了 100 多万平方千米。

▲ 雾霾天气

## 可怕的雾霾

近年来,我国雾霾天气逐渐增多。连续好几年冬天,我国大部分地区雾霾天气都在十几天左右,个别地方能见度甚至不足 500 米,情况不容乐观。

## 异常天气

随着环境的恶化,我国这些年来出现的异常天气越来越多。夏季高温天气越来越突出,冬天则时常发生雪灾、冻灾。另外,扬沙、台风、雹灾等也时有发生。

▶ 台风引起的洪灾

# 应对温室效应

　　我们清楚地知道温室效应有多么可怕，那应对温室效应就成了一个非常急切的事情。虽然迄今为止，我们还不能提出彻底有效的解决对策，但是我们仍然可以竭尽所能采取对策，尽量遏制温室效应上升的趋势。

## ❀ 节能减排

　　减少温室气体的排放是控制温室效应的主要方面，人们要在减少重污染能源使用、机动车污染物排放、工业和生活废气排放等方面严格控制。

　　如果每个人都能够做到节约资源、低碳出行，真正践行环保生活，那这些最终都能转化为对环境的保护。

▲ 乘坐地铁也是低碳出行的一种方式

## 🍀 增加植被

地球植被对于生态环境有着无与伦比的净化作用，所以人们不仅要大力植树造林、退耕还林，还要禁止乱砍滥伐、破坏森林资源，最大程度保护地球生态环境。

▲ 为了动员人们多参加植树活动，我国将每年的3月12日定为植树节

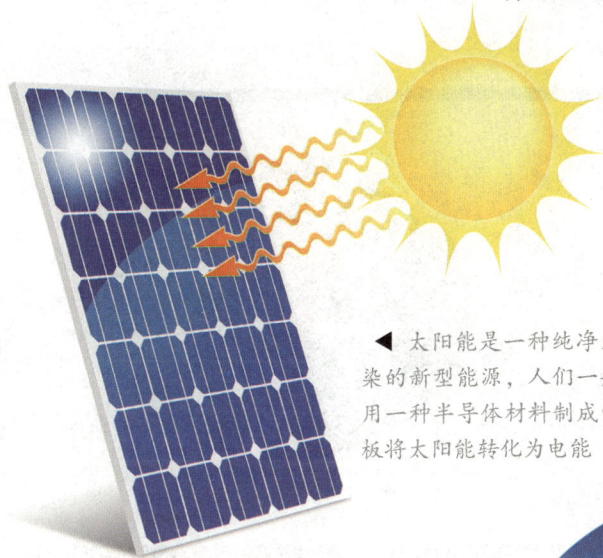

◀ 太阳能是一种纯净无污染的新型能源，人们一般会用一种半导体材料制成的电板将太阳能转化为电能

## 🍀 利用新能源

近年来，人类正在不断研究开发太阳能、潮汐能、可燃冰等新的干净能源代替原来的煤、石油、天然气等污染性能源，减轻地球环境压力。

## 🍀 其他办法

人们试图从各方面入手应对温室效应，除了上述措施外，人们还提出了改善汽车燃料、设法挖掘海洋吸收碳的潜力、循环利用资源等一系列措施。

▲ 浩瀚的大海不仅蕴藏着丰富的矿产资源，更有真正意义上取之不尽、用之不竭的海洋能源

79

# 控制人口数量

随着科学技术的不断进步，近年来人口死亡率不断下降，世界人口数量增长速度逐渐加快。人口过度增长不仅会带来更多二氧化碳等温室气体的排放，还在很多方面给地球气候带来巨大压力，甚至可能会影响地球的未来。

## 人口数量

人口数量过多导致近年来越来越多的人向城市迁移。大量的人员涌进城市，在给城市带来快速发展的同时，也加剧了城市热岛效应、空气污染、雾霾等危害，造成人口与经济、社会以及资源、环境之间的矛盾冲突。

▲ 城市中拥挤的人潮

## 控制办法

控制人口数量是人类面临的共同任务，为了人类的生存和发展，必须把人口数量控制在环境所能承受的范围之内。实行计划生育，提倡晚婚、晚育、优生优育，能够有计划地控制人口。

▲ 优生优育指让每个家庭都拥有健康的孩子，让每个孩子都受到良好的教育

中国作为一个人口大国，如果不及时有效控制人口增长，社会可持续发展的理想很可能难以实现。

## 中国人口现状

自 1949 年新中国成立到 2005 年的几十年间，我国人口增长了 7 亿多人，平均每年增长大约 1000 万人口，这是个非常庞大的数字。

## 世界人口会议

为了解决人口数量问题，1974 年联合国在布加勒斯特召开了第一次世界人口会议。会议过后，世界各国尤其是发展中国家积极致力于人口的控制，尽力减缓世界人口增长速度。

▼ 现在，全球人口数量已超过 70 亿

# 全球减灾行动

随着世界环境的日益恶化,地球温度不断升高,自然灾害逐渐加剧,人类不得不每天面对气候变暖带来的各种威胁。为了有效地避免和减少这些威胁的发生,世界各国政府已经展开了有力的行动。

## 颁布法令

各国根据当前全球气候大环境并针对自身具体情况,颁布了一系列有助于降低空气污染的法令。比如英国颁布了《清洁空气法案》,要求大规模改造城市居民的传统炉灶,减少煤炭的使用量。

▲ 新型厨房电器的使用能有效节约能源

我国的青海瓦里关大气本底监测站是世界上唯一一个设在欧亚大陆腹地的大气本底监测站。

## 大气本底监测站

大气本底监测站是世界气象组织为了掌握全球大气污染的情况,设在全球多个国家和地区的空气污染监测站。它能通过对温室气体、太阳辐射、臭氧等多个方面的观测,对未来全球大气成分的变化起到预警和监测作用。

## 🌸 《京都议定书》

1997 年 12 月，多个国家在日本京都通过三次会议，制定出《京都议定书》，并将其作为《联合国气候变化框架公约》的补充条款。

▼ 舒适的环境需要全世界的人共同维护和创造

CITY

# 世界气象组织

世界气象组织是联合国有关地球大气现状和特性、大气与海洋的相互作用、天气和气候以及水资源分布方面的权威机构，有190多个国家和地区参与，这些国家和地区之间就气象及相关方面的情报和资料互相交流，共同应对全球气候问题。

## 全球合作

世界气象组织致力于促进全世界的共同合作，建立可以迅速交换气象情报和相关资料的系统，推进气象学在航空、航运、水文、农业和其他人类活动领域中的应用。

每年的3月23日是世界气象日，每一个世界气象日都会确定一个主题，集中反映一个与气象有关的问题。

▶ 近几十年来，人们向太空中发射了许多气象卫星，用以观测地球大气变化

## 发展和成就

世界气象组织成立以来，召开了多次大会，取得了许多成就。经过 30 多年的观测和协调，世界气象组织终于在 1987 年签订了关于保护臭氧层的《蒙特利尔议定书》，使各国共同行动起来保护臭氧层。

## 《世界气象组织公约》

《世界气象组织公约》是为了协调、统一和改进世界气象活动以及相关的其他活动，鼓励世界各国有效交流气象情报和有关资料，用以协助人类各种活动而缔结的公约。

▲ 臭氧层是地球生命的保护伞

## 世界天气监测网

世界天气监测网是一个世界性系统，它把一百多个国家和地区用统一的规范和技术标准联合起来，形成区域性和全球性的气象情报网。

▲ 气象站是用于监测天气的基础设施

85

# 国际公约

世界各国为了团结一致地对抗日益严重的气候问题，签订了一系列国际公约。这些公约有针对气候变化的，也有针对生物多样性以及大气污染等方面的，宗旨都是减轻气候恶化，保护我们共同生存的地球家园。

## 签订的背景

20 世纪以后，科学家逐渐深入了解了地球的大气系统，二氧化碳等温室气体的排放导致全球变暖才引起了大众的广泛关注，并逐渐成为国际上各政府间会议的重点内容。

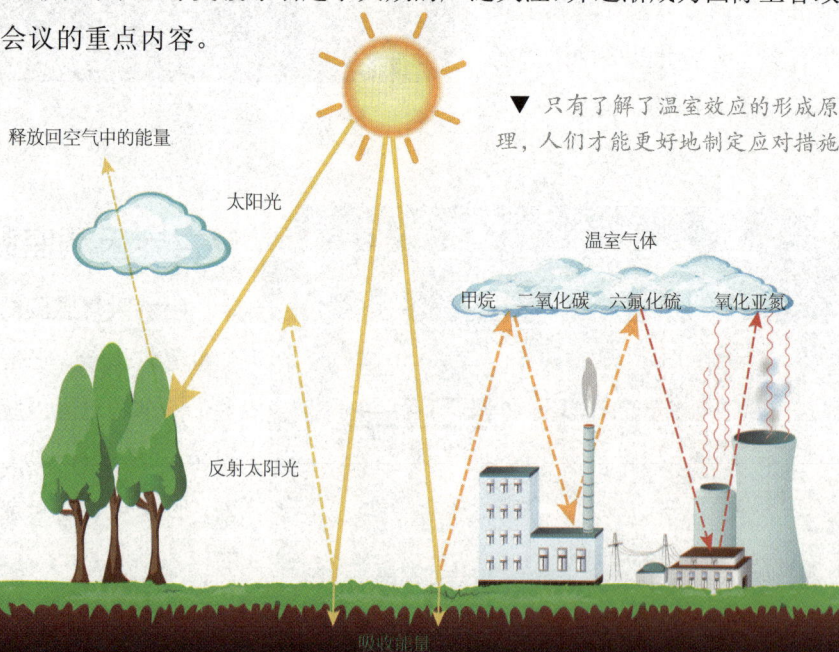

▼ 只有了解了温室效应的形成原理，人们才能更好地制定应对措施

释放回空气中的能量

太阳光

温室气体

甲烷　二氧化碳　六氟化硫　氧化亚氮

反射太阳光

吸收能量

## 最终目的

签订有关气候的一系列国际公约,最终目的是减少人为活动对气候环境的危害,减缓气候变化,促使各国共同保护地球。

▲ 还地球一个蔚蓝的天空是整个世界共同的责任

## 期望目标

各国积极应对气候问题,共同推动全球气候治理进程,以期实现长期可持续性发展,并期望从 2023 年开始,每五年能对各国行动效果进行一次定期评估。

国际公约通常是开放性的,没有签订公约的国家在公约生效前或生效后的任何时候都可以加入。

## 《联合国气候变化框架公约》

《联合国气候变化框架公约》是世界上第一个为了全面控制二氧化碳等温室气体排放,应对全球气候变暖给人类经济和社会带来不利影响的国际公约。

# 倡导低碳生活

　　全球气温升高、气候发生变化是我们目前面临的重大问题,而实行低碳生活有利于减少各种空气污染物的排放,从而减缓温室效应,延缓全球变暖趋势。我们在日常生活中尽量减少自己消耗的能量就是在践行低碳生活。

▲ 太阳能汽车

## 低碳经济

　　低碳经济以减少温室气体排放为目标。人们应转变经济发展模式,发展新能源汽车、资源回收、工业节能减排、环保设备等多种新技术产业,尽可能地追求绿色发展。

　　化学合成纤维制成的衣服在生产过程中会消耗较多能源,因此,大家可以把旧衣服翻新或是送给别人,尽量减少丢弃。

▶ 有些垃圾经过回收再加工后能够再利用

▲ 为了节能，我们应当尽量选择能耗低的冰箱

## 🍀 低碳生活习惯

人们在生活中也可以养成一些节能习惯，比如冰箱内存放的食物最好占到冰箱容积的60%左右，因为冰箱太空或太满都会增加耗电量。夏季使用空调时温度尽量不要低于26℃，这样可以减少空调能耗。

## 🍀 低碳生活方式

我们在外就餐时尽量减少一次性餐具的使用量；出行尽量乘坐公共交通工具，减少开车次数；去超市购物时自己携带环保袋，尽量不用超市的塑料购物袋；每天淘米的水用来浇花、浇菜，实现循环利用。这些都是低碳生活方式。

▲ 现在城市公交车有的是以液化天然气为燃料的，这对改善空气质量有很大帮助

绿色家园——环保从我做起

# 警惕气候变暖